Blumen

Bärbel Oftring

KOSMOS

Typische Blumen

Sumpf-
Dotterblume
Seite 85

Scharbockskraut
Seite 98

Echte Kamille
Seite 53

Gänseblümchen
Seite 55

Stink-
Storchschnabel
Seite 28

Klatschmohn
Seite 10

Leberblümchen
Seite 72

Kornblume
Seite 70

Wegwarte
Seite 71

 = kennzeichnet giftige Arten

Inhalt

Viele, viele bunte Blumen ...

Die Natur ist der schönste Maler – und bei den Blumen hat sie ihren Pinsel ganz besonders tief in den Farbkasten getaucht. Bunte Blumen verzaubern unsere Seele, heitern auf und machen einfach gute Laune.

Bunte Blütenfarben

In diesem Büchlein lernen Sie 98 Blumen kennen, die bei uns wachsen. Die Blumen sind nach ihren Blütenfarben sortiert. Es beginnt mit den roten Blüten, dann folgen die weißen, die blauen, die gelben und zuletzt die grünen, teilweise eher unscheinbaren Blüten.

Besonders bei den blauen bis roten Blüten gibt es zahlreiche Schattierungen von lila und violetten Tönen, die nicht so einfach einer Farbgruppe zuzuordnen sind. Wenn Sie eine bestimmte Blume vermissen, schauen Sie am besten bei den roten und den blauen Blüten nach. Wenn Blüten, wie etwa die vom Wiesen-Schaumkraut, mal mehr rosa, mal mehr weiß gefärbt sind, sollten Sie auch bei beiden Farben im Buch nachschauen.

Wozu sind die Blüten da?

Vielleicht haben Sie sich das auch schon einmal gefragt. Blüten sind hochkomplexe Pflanzengebilde, die der Vermehrung dienen. Samenbildung ist das Blumen-Zauberwort: Damit sich die Samen überhaupt bilden können, müssen die männlichen Pollen zu den weiblichen Narben gelangen. Die meisten unserer heimischen Blumen überlassen diesen Transport nicht dem Wind, sondern Insekten. Und diese werden mit abwechslungsreichen Formen, bunten Farben und markanten Düften angelockt. Dafür belohnt sie die Blüte mit Nektar und Pollen.

Wirksame Heilpflanzen

Zum Anlocken von Bestäubern, aber auch um Fressfeinde abzuwehren, enthalten viele Blumen chemische Substanzen. Manche sind auch für uns Menschen giftig, andere, wie etwa die der Veilchen, liefern Duftstoffe für Parfüms und Seifen oder sind heilende Wirkstoffe, die menschliche Leiden lindern können.

Wichtige Lebensräume

Nicht zu vergessen: Blumen bilden wichtige Lebensräume, in denen vielerlei kleine und große Tiere vom Ohrwurm bis zum Igel hausen, Nist- und Baumaterial sowie reichlich Nahrung finden.

Blumen in Natur und Garten

Bei Spaziergängen draußen in der Natur können Sie das ganze Jahr über vielfältige Blumenschätze entdecken. Denn selbst im Winter blühen neben Christrose und Schneeglöckchen hier und da einzelne Gänseblümchen.

Das Blumenjahr

Mit der Schneeschmelze geht das Blumenjahr so richtig los. An jedem warmen Frühlingstag öffnen sich allüberall immer mehr Blütenkelche, denn nun fliegen auch die ersten blütenbestäubenden Insekten umher. Im Sommer und Herbst ist das Blumenjahr dann auf seinem farbenfrohen Höhepunkt. Fallen die Blätter schließlich von den Bäumen, tritt erst einmal ein wenig Ruhe in die bunte Pracht ein.

Säen Sie Ihre Blumenwiese selbst!

Sie können Wildblumen auch in Ihr Zuhause bringen, gesät und gepflanzt im Garten, auf Balkon oder Terrasse. Im Handel finden Sie eine Vielfalt an Samenmischungen für Blumenwiesen. Wählen Sie eine für den geplanten Standort (sonnig oder schattig) passende Mischung und säen Sie diese im Frühjahr aus.

Blumen in Ihre Wohnung bringen

Besonders die langstieligen bunten Wiesenblumen locken für einen üppigen Blumenstrauß. Bedenken Sie aber, dass mit jeder gepflückten Blume den bestäubenden Schmetterlingen, Bienen und Hummeln etwas Nahrung verloren geht – und dass diese Blumen natürlich nicht ihrem natürlichen Zweck entsprechend Samen bilden und verbreiten können.

• Ein Blumenstraußbeet anlegen

Für Ihren persönlichen Blumenstrauß legen Sie in Ihrem Garten ein Blumenstraußbeet mit Ihren Lieblingsblumen an. Vielleicht können Sie auch Blumen auf einem brach liegenden öffentlichen Beet in Ihrer Wohnungsnähe säen und pflanzen.

• Badeblüten selber ziehen

Baden entspannt, erfrischt und macht gute Laune! Für das sommerliche Bad pflanzen Sie im Frühjahr Blumen und Kräuter auf Balkon, Terrasse oder im Garten. Lavendel, Malven, Pfefferminze, Ringelblume, Thymian und duftende Rosen gedeihen leicht, sogar im Topf, und erfreuen Sie mehrfach: draußen mit ihren herrlichen Farben, Düften und Formen, am nächsten Badetag und in der Küche.

Klatsch-Mohn

30–90 cm, blüht von Mai bis Juli

Die leuchtend roten Farbtupfer in Getreidefeldern und an Straßenböschungen gehören zum typischen Bild des Sommers dazu.

- Große, tiefrote Blüten, die kurz nach dem Öffnen noch sehr zerknittert sind
- An warmen Standorten, auch an Feldrändern und auf Ödflächen

Wiesen-Schaumkraut

10–60 cm, blüht von April bis Juni

Im Spätfrühjahr zaubert es auf die Wiesen zartrosa bis zartviolette Blütenteppiche, da es sich gern auf größeren Flächen ausbreitet.

- Rapsähnliche Blüten mit je vier Blütenblättern in einer Traube am Stängelende
- Auf feuchten Mäh- und Streuobstwiesen

Schmalblättriges Weidenröschen

60–120 cm, blüht von Juli bis August

Dank ihrer fedrigen Haarschöpfe können die vielen Tausend Flugsamen, die sich aus den Blüten entwickeln, bis zu 10 km weit fliegen.

- Große, rosenähnliche Blüten, die aber nur vier Blütenblätter besitzen
- Auf Waldlichtungen, öden Flächen und sogar an Autobahnen

Großer Wiesenknopf

30–120 cm, blüht von Juni bis September

Wegen der blutroten Blütenköpfe galt ein Tee aus Kraut und Wurzeln einst als Heilmittel bei Monatsblutungen und anderen Verletzungen.

- Winzige Blütchen bilden einen kugeligen Blütenkopf, der vor dem Aufblühen herabhängt
- Auf feuchten Wiesen, auch in Mooren und Gebirgen

Großer Sauerampfer

30–100 cm, blüht von Mai bis Juli

Die Blätter schmecken wegen ihres Oxalsäuregehalts sauer und werden auf Grünlandflächen nicht von Weidetieren gefressen.

- Kleine rötliche Blüten am Stängelende, pfeilförmige Blätter
- Auf nährstoffreichen Wiesen, an Wegrändern und Gewässerufern

Wasser-Minze

20–80 cm, blüht von Juli bis Oktober

Diese zart nach Pfefferminze duftende und schmeckende Minze stört es nicht, wenn ihre Wurzeln längere Zeit im Wasser stehen.

- Viele rosa bis zartviolette, duftende Blüten direkt am Stängel
- Auf nassen Standorten an Ufern, in Gräben, im Schilf und Moor

Kartäuser-Nelke

15–50 cm, blüht von Juni bis September

Diese nach Gewürznelken duftende hübsche Blume braucht unbedingt nährstoffarme Böden, die es bei uns leider immer weniger gibt.

- Große Blüten, die an Bart-Nelken der Klostergärten erinnern
- Auf warmen, trockenen, sandig-steinigen Plätzen

Rote Lichtnelke

30–90 cm, blüht von April bis September

Schmetterlinge lassen sich gern auf den duftlosen Blüten nieder, Hummeln beißen sie zum Nektarklauen seitlich auf.

- Große Blüten mit fünf gespaltenen Blütenblättern
- Auf feuchten, nährstoffreichen Wiesen und in lichten Wäldern

Kuckucks-Lichtnelke

30–70 cm, blüht von Mai bis August

Anfang Mai beginnt diese Blume zu blühen. An den Stängeln klebt gern „Kuckucksspeichel“, die Kinderstube der Schaumzikade.

- Zahlreiche zerzauste Blüten an jedem Blütenstängel
- Auf feuchten bis nassen, nährstoffreichen Wiesen

Echter Baldrian

60–150 cm, blüht von Mai bis August

Seit alters her nutzen Menschen die beruhigende Wirkung der Wurzeln bei Nervosität und Schlafstörungen.

- Viele rosa bis weiße Blüten in halbkugeligen Blütenständen
- Auf feuchten bis nassen Wiesen, an Ufern und Gräben, in feuchten Wäldern

Bach-Nelkenwurz

20–70 cm, blüht von April bis Juli

An feuchten Standorten bildet sie dichte Büschel. Aus den Blüten entwickeln sich kugelige Früchte, die am Tierfell haften bleiben.

- Glockenförmige, nickende Blüten mit rotbraunen Kelchblättern
- Auf nährstoffreichen, feuchten Wiesen, an Ufern, in Gräben

Schlangen-Knöterich

30–100 cm, blüht von Mai bis August

Dank weit kriechender Ausläufer bildet dieser Knöterich gern dichte Flecken auf einer Wiese. Weidevieh meidet die frischen Pflanzen.

- Flaschenbürsten-förmige Blütenstände an geraden Stängeln
- Auf feuchten bis nassen Wiesen, Auwäldern, Bachufern

Beinwell ☠

30–100 cm, blüht von Mai bis Juli

Schon in der Antike wurden die Wurzeln und Blätter für Salben und Umschläge bei Knochenbrüchen und Prellungen verwendet.

- Nickende Blüten, stark behaarte Blätter
- Auf feuchten bis nassen Böden am Wegrand, Ufer, auf Wiesen, in Auwäldern

Stinkender Storchschnabel

20–40 cm, blüht von Mai bis Oktober

Beim Zerreiben stinkt die Pflanze widerlich. Aus den storchschnabelähnlichen Früchten werden die reifen Samen bis zu 3 m weit geschleudert.

- Meist zwei Blüten an einem Stiel, rötliche Stängel
- In lichten Wäldern, Hecken und Mauern, auch in Städten

Wiesen-Flockenblume

20–70 cm, blüht von Juni bis Oktober

Die vergrößerten Randblüten locken bestäubende Schmetterlinge und andere Insekten an, Nektar finden sie allerdings nur in der Mitte der Blüte.

- Bis zu 4 cm breite Blütenkörbchen
- Auf nährstoffarmen Wiesen, Weiden und an Wegrändern

Acker-Kratzdistel

50–120 cm, blüht von Juli bis Oktober

Da selbst aus einzelnen Wurzelstücken neue Pflanzen heranwachsen, breitet sich diese Kratzdistel gern auf Äckern und Feldern aus.

- Rosa bis helllila Körbchenblüten, Blätter mit dornigen Rändern
- Auf Feldern, Schuttplätzen, Waldlichtungen, am Wegrand

Pestwurz ☠

15–100 cm, blüht von März bis Mai

Im Frühjahr erscheinen zunächst die Blüten, später dann die riesigen, schirmartigen Blätter (auch „wilder Rhabarber“ genannt).

- Bis zu 40 cm hohe Traube mit bis zu 100 Blütenkörbchen
- An Bach- und Flussufern, auf nassen Wiesen

Türkenbund-Lilie

30–100 cm, blüht von Juni bis August

Die duftenden Blüten dieser seltenen Lilie locken Schwärmer-Falter an, die wie Kolibris in der Luft stehend Nektar saugen.

- Turbanähnliche Blüten, die nachts duften
- In gebüschreichen Wäldern, im Gebirge auch auf Wiesen

Gewöhnliche Hauswurz

10–50 cm, blüht von Juli bis September

Da die Hauswurz in den Blättern Wasser speichert, gedeiht sie sogar auf Dächern. Die Blattrosetten bilden stets neue Tochterrosetten.

- Flache Rosette aus fleischigen Blättern, Blüten am Stängelende
- Angepflanzt auf Mauern und Dächern, nur selten wild auf Felsen

Blut-Weiderich

50–120 cm, blüht von Juni bis September

Der Name bezieht sich auf die blutroten Blüten, die auffallend dichte Büschel bilden und die weidenähnlichen Blätter.

- Blüten kerzenähnlich in dichten Ähren am Stängelende
- An Ufern, in Wiesengräben, auf Sumpfwiesen, an Gartenteichen

Herbst-Zeitlose ☠

5–20 cm, blüht von August bis November

Im Herbst erscheinen die Blüten mit dem typisch langen „Stiel“. Erst im Frühjahr treiben die bärlauchähnlichen, aber geruchlosen Blätter.

- Krokusähnliche Blüten, zur Blütezeit blattlos
- Auf feuchten (Streuobst-)Wiesen, in Auwäldern

Schmalblättrige Futter-Wicke

20–60 cm, blüht von Mai bis Juli

Mit dem Ackerbau kam diese Wicke aus ihrer Heimat am Mittelmeer zu uns. Aus den Blüten entwickeln sich typische Hülsenfrüchte.

- Rötliche bis rotviolette Schmetterlingsblüten
- An Wegrändern, auf Böschungen und Ödland

Wiesen-Klee, Rot-Klee

10–40 cm, blüht von Mai bis September

Dieser Klee ist eine wichtige und wertvolle Futterpflanze für das Vieh. Die Knöllchenbakterien an den Wurzeln verbessern den Boden.

- Typische Kleeblüte in kugeligem Köpfchen
- Auf nährstoffreichen Wiesen, Weiden, an Wegrändern, auch angebaut

Roter Fingerhut ☠

40–150 cm, blüht von Juni bis August

Der attraktive Fingerhut enthält hochgiftige Digitalis-Glykoside, die in geringsten Mengen für herzwirksame Heilmittel verwendet werden.

- Bis zu 5 cm lange, glockenförmige, dicht hängende Blüten
- An Waldwegen und auf Waldlichtungen

Hohler Lerchensporn ☠

10–35 cm, blüht von März bis Mai

Bienen bestäuben die hübschen Blüten und Ameisen verbreiten oft die Samen aufgrund der nährstoffreichen Anhängsel.

- Kapuzenartige rote Blüten mit langem Sporn
- In lichten Laub- und Auwäldern und am Wegrand unter Gebüsch

Indisches Springkraut

50–250 cm, blüht von Juni bis September

Seit ungefähr 80 Jahren breitet sich dieses Springkraut aus dem Himalaja bei uns aus. Da es rasant wächst, verdrängt es heimische Pflanzen.

- Große helmartige Blüten, keulenförmige Früchte springen bei Berührung auf
- An schattigen Standorten in feuchten Wäldern und an Ufern

Gewöhnlicher Dost

20–60 cm, blüht von Juli bis September

Die Blüten werden von Bienen und Hummeln besucht. Duftet beim Zerreiben angenehm nach dem nah verwandten Oregano.

- Kleine Lippenblüten in dichten, kugeligen Blütenständen
- An warmen Standorten, auf Böschungen, am Wegrand, am Rand lichter Gebüsche

Wald-Ziest

30–100 cm, blüht von Juni bis September

Selbst an sehr schattigen Waldstellen öffnen sich die recht dunklen Blüten. Die nesselähnlichen Blätter riechen beim Zerreiben unangenehm.

- Rund um Stängel meist sechs Lippenblüten
- An feuchten, lichten Stellen in Wäldern und unter Gebüsch

Gewöhnliches Hirtentäschel

20–40 cm, blüht von Januar bis Dezember

Selbst an milden Wintertagen blüht das Hirtentäschel, deren Früchte den Umhängetaschen früherer Hirten ähneln.

- Winzige Blüten, auffallende herzförmige Schotenfrüchte
- Auf nährstoffreichen offenen Stellen in Äckern, Gärten und am Wegrand

Knoblauchsrauke

20–100 cm, blüht von April bis Juli

Beim Zerreiben duften die Blätter intensiv nach Knoblauch und können frisch zum Würzen von Quark, Butter und Salaten verwendet werden.

- Kleine Blüten mit vier Blütenblättern, herzförmige Blätter
- An nährstoffreichen, nicht zu trockenen Standorten, in Wäldern, an Wegrändern

Kletten-Labkraut

30–200 cm, blüht von Mai bis Oktober

Die ganze Pflanze ist mit Haaren besetzt, die sich klebrig anfühlen und mit deren Hilfe andere Pflanzen und Zäune überwuchert werden.

- Kleine Blüten, klebrige Blätter, kugelige Früchte
- Auf nährstoffreichen Böden, an Gebüsch- und Waldrand, auf Äckern

Waldmeister

10–30 cm, blüht von April bis Juni

Erst die getrocknete Pflanze entwickelt den typischen Waldmeisterduft, der Maibowle, Speiseeis, Sirup und Götterspeise sein Aroma gibt.

- Viele kleine Blüten am Stängelende
- In Laub- und Mischwäldern an schattigen Stellen

Wiesen-Bärenklau

50–150 cm, blüht von Juni bis September

Die fototoxischen Inhaltsstoffe machen die Haut sehr lichtempfindlich. Hautkontakt kann zu Rötungen und Blasen führen.

- Kleine Blüten in doppelschirmähnlichen Blütenständen (Dolden)
- Auf nährstoffreichen Wiesen, an Wegrändern, in lichten Wäldern

Wilde Möhre

30–100 cm, blüht von Juni bis September

Aus dieser Wildpflanze wurde die bekannte Gartenkarotte (Möhre) gezüchtet. Die schwarzen Blüten im Zentrum heißen auch Mohrenblüten.

- Kleine Blüten in schirmähnlichen Dolden
- Auf Wiesen, Weiden, an Wegrändern

Wald-Erdbeere

5–20 cm, blüht von Mai bis Juni

Die kleinen Früchte, die bis zu zehn Prozent Zucker enthalten, schmecken viel intensiver als die großfruchtigen Gartenerdbeeren.

- Typische Erdbeerblüten, kleine rote Erdbeerfrüchte
- Auf leicht feuchten, stickstoffreichen Standorten in Wäldern

Echtes Mädesüß

50–150 cm, blüht von Juni bis August

In Gewässernähe wächst das Mädesüß, mit dem früher der Honigwein Met gesüßt wurde („Met-Süße"), gern in großen Gruppen.

- Zahlreiche winzige Blüten, duften süß nach Mandeln
- An feuchten bis nassen Standorten am Ufer, in Gräben und Auwäldern

Christrose

10–30 cm, blüht von Dezember bis April

Wegen ihrer Blütezeit zu Weihnachten ist sie eine beliebte Gartenpflanze. In der Blütenmitte sitzen 15–20 gelbliche Honigblätter.

- Fünf weiße Blütenblätter, auch im Winter grüne Laubblätter
- Wild in lichten Buchen- und Kiefernwäldern, angepflanzt in Gärten

Flutender Wasser-Hahnenfuß

50–150 cm, blüht von Mai bis August

Unter Wasser bilden sich bei dieser Wasserpflanze fadenförmige Blätter aus, während schwimmende Blätter eher nierenförmig sind.

- Bis zu 3 cm große Blüten ragen einzeln aus dem Wasser heraus
- In strömenden, sauerstoffreichen Bächen und Flüssen

Große Sternmiere

10–40 cm, blüht von April bis Juni

Mithilfe der schmalen, starren Blätter kann dieser Frühjahrsblüher in die Höhe wachsen, obwohl seine Stängel sehr dünn sind.

- Sternförmige weiße Blüten, vierkantige Stängel
- Im Wald, am Waldrand und unter Gebüsch

Taubenkropf-Leimkraut

15–50 cm, blüht von Mai bis September

Tag und Nacht sind die Blüten geöffnet, die allerdings nur nachts duften. Als Pionierpflanze erobert sie auch neue Standorte.

- Sternförmige Blüten mit aufgeblasenem Kelch
- An trockenen, steinigen Standorten an Wegrändern und Böschungen, auf Wiesen

Wald-Sauerklee

5–15 cm, blüht von April bis Mai

An schattige Plätze im Wald angepasst, klappt dieser Sauerklee bei starker Sonneneinstrahlung sowie nachts seine Blätter zeltartig nach unten.

- Bis zu 2,5 cm große weiße Blüten mit violetten Adern
- Auf feuchten Böden in Wäldern

Zaunwinde

100–300 cm, blüht von Juni bis September

Immer im Uhrzeigersinn umranken die Triebe der kletternden Zaunwinde Zäune und andere Dinge, auf die sie treffen.

- Sehr große trichterförmige Blüten, herz- bis pfeilförmige Blätter
- Auf feuchten, nährstoffreichen Böden am Ufer, Wegrand, an Zäunen

Wiesen-Margerite

20–70 cm, blüht von Juni bis Oktober

Diese typische Wiesenblume kann große Flächen bedecken. Landwirte mögen sie nicht gern, denn sie gibt nährstoffarmes Futter.

- Große Körbchenblüten mit weißen Rand- und gelben Röhrenblüten in der Mitte
- Auf Wiesen, Weiden, am Ackerrand, gepflanzt im Garten

Echte Kamille

15–40 cm, blüht von Mai bis August

Die aromatisch duftenden Blüten enthalten wertvolle, heilende Inhaltsstoffe, die als Tee oder Umschlag Entzündungen und Krämpfe lindern.

- Kugelförmiges gelbes Blütenkörbchen mit weißen Randblüten
- Auf nährstoffreichen Getreidefeldern und Schuttplätzen, am Wegrand

Schaf-Garbe

15–60 cm, blüht von Juni bis Oktober

Schafe meiden die Blüten dieser alten Heilpflanze, die zerrieben aromatisch duften. Die ätherischen Öle unterstützen die Wundheilung.

- Kleine Blütenkörbchen in doldenähnlichem Blütenstand
- Auf nährstoffreichen Wiesen, Weiden, Äckern, am Wegrand

Gänseblümchen

5–15 cm, blüht von Januar bis November

Bei kühlem Wetter und Regen sind die Blüten geschlossen. Sie sind essbar und in Essig eingelegt ein guter Ersatz für Kapern.

- Weiße, oft rötlich angehauchte Rand- und gelbe Röhrenblüten in der Mitte
- Auf nährstoffreichen Wiesen und Weiden, am Wegrand

Silberdistel

5–30 cm, blüht von Juli bis September

Weil die Blüten mit den silbrig glänzenden Hüllblättern nur bei trockenem Wetter geöffnet sind, wird sie auch Wetterdistel genannt.

- Bis zu 12 cm große Blütenkörbchen, stachelig gezähnte Blätter
- Auf sonnigen, nährstoffarmen Wiesen und Weiden, steinigen Hängen

Busch-Windröschen

10–25 cm, blüht von März bis Mai

Wenn die Laubbäume austreiben, ist diese Pflanze schon verblüht, hat Samen gebildet und sich in den Wurzelstock zurückgezogen.

- Große weiße bis rosa Blüten, schließen sich nachts und bei schlechtem Wetter
- Auf nährstoffreichen Böden in lichten Wäldern, unter Gebüsch

Frühlings-Krokus

5–15 cm, blüht von Februar bis Mai

Dieser Krokus blüht sofort nach der Schneeschmelze, da die Knolle genügend Nährstoffe für solch einen frühen Start enthält.

- Trichterförmige Blüten, grasartige Blätter
- Auf feuchtem Boden der Bergwiesen und -weiden

Bär-Lauch

20–50 cm, blüht von April bis Juni

An warmen Frühlingstagen kann man die dichten Bestände dieser Lauchart schon von Weitem riechen.

- Blütendolde mit zahlreichen sternförmigen Blüten, mit Knoblauchduft
- In feuchten Laub-, Misch- und Auwäldern

Maiglöckchen ☠

10–20 cm, blüht von Mai bis Juni

Diese Pflanze mit den stark duftenden Blüten, die auch für Parfüm verwendet werden, kann große Flächen bewachsen.

- Nickende glockenförmige Blüten, elliptische Blätter, rote kugelige Beeren
- In Laubwäldern, unter Gebüsch, angepflanzt auch im Garten

Weiße Seerose

50–250 cm, blüht von Juni bis September

Die dekorativen Seerosen verbreiten romantisches Flair auf dem Gewässer. Ihre Blüten und Blätter entspringen dem Wurzelstock in bis zu 3 m Tiefe.

- Bis zu 15 cm große Blüten, rundliche Schwimmblätter
- In nährstoffreichen, stehenden oder langsam fließenden Gewässern

Weiße Taubnessel

15–50 cm, blüht von April bis Oktober

Trotz der Ähnlichkeit besitzt die Taubnessel keine giftigen Brennhaare. Die tiefen Lippenblüten werden nur von Hummeln bestäubt.

- Große Lippenblüten, brennnesselähnliche Blätter
- Auf nährstoffreichen Böden am Weg- und Waldrand, an Zäunen, unter Gebüsch

Weiß-Klee

5–20 cm, blüht von Mai bis Oktober

Diese wichtige Viehfutterpflanze breitet sich auch gern in Zierrasen aus, da ihr das regelmäßige Mähen nichts ausmacht.

- Kleine Schmetterlingsblüten in kugeligem Blütenköpfchen
- Auf nährstoffreichen Wiesen, Weiden, Äckern, in Parks und Gärten

Echter Ehrenpreis

10–20 cm, blüht von Mai bis Juli

Früher wurden die oberirdischen Teile dieser Pflanze, die heute selten geworden ist, für Hustenmittel verwendet.

- Viele blassblaue Blüten mit dunkler Äderung am Stängelende
- Auf nährstoffarmen Böden in Wäldern, Heiden und Wiesen

Wiesen-Glockenblume

20–60 cm, blüht von Mai bis Juli

Bei schönem Wetter drehen sich die Blüten zur Sonne, nachts und bei trübem Wetter hängen sie zum Schutz der Pollen herab.

- Trichterförmige hell blauviolette Blüten mit fünf Zipfeln
- Auf nährstoffreichen, sonnigen Wiesen, Weiden, am Wegrand

Frühlings-Enzian

5–15 cm, blüht von März bis August

Dieser auch Schusternagel genannte Enzian blüht direkt nach der Schneeschmelze, in manchen Jahren ein zweites Mal im Hochsommer.

- Enge Röhrenblüte mit fünf ausgebreiteten Zipfeln, meist in Gruppen wachsend
- Auf Bergwiesen und Schuttflächen

Sumpf-Vergissmeinnicht

15–50 cm, blüht von Mai bis Oktober

Nacheinander öffnen sich immer neue Blüten dieser Sumpfpflanze und symbolisieren so Liebe und Freundschaft, die stets aufs Neue erblühen.

- Zunächst rötliche, dann blaue Blüten mit gelbem Ring im Zentrum
- Auf feuchten bis nassen Wiesen, in Gräben, Auwäldern, an Ufern

Wiesen-Storchschnabel

20–60 cm, blüht von Juni bis September

Die Früchte besitzen den namensgebenden Schnabelfortsatz, der sich wie eine Uhrfeder aufrollt und die reifen Samen herausschleudert.

- Große blauviolette Blüten, handförmige Blätter
- Auf nährstoffreichen Wiesen, Böschungen, am Wegrand

Berg-Flockenblume

30–70 cm, blüht von Mai bis Oktober

Wegen ihrer auffälligen Blüten eine in Gärten gern angepflanzte Blume. Häufig wird sie auch Berg-Kornblume genannt.

- Bis zu 5 cm große kornblumenähnliche Blütenkörbchen
- Auf Bergwiesen, in Bergwäldern

Kornblume

30–60 cm, blüht von Juni bis Oktober

Früher wuchsen Kornblumen in jedem Getreidefeld, heute sind sie wegen Überdüngung und Pestiziden selten geworden.

- Typische Kornblumenblüte einzeln am Stängelende
- An warmen Standorten in Getreidefeldern, ausgesät in Wildblumenwiesen

Wegwarte

30–150 cm, blüht von Juni bis September

Bis zum Mittag sind die Blüten dieses Zichoriengewächses geöffnet, deren fleischige Wurzel geröstet ein Kaffeeersatz (Getreidekaffee) ist.

- Bis zu 5 cm große hellblaue Blütenkörbchen
- An Wegrändern, Bahndämmen, auf Weiden und Schuttflächen

Leberblümchen ☠

5–15 cm, blüht von März bis April

Wegen der leberförmigen Blätter nahm man im Mittelalter an, dass dieser typische Frühlingsblüher wirksam gegen Leberleiden wäre.

- Auffällig blaue bis violette sternförmige Blüten, behält seine Blätter auch im Winter
- Im Laubwald, ohne Blüten leicht zu übersehen

Zweiblättriger Blaustern

10–20 cm, blüht von März bis April

Wild kommt dieser hübsche Blaustern nur noch selten vor. In Gärten findet man jedoch häufig den sehr ähnlichen Sibirischen Blaustern.

- Bis zu acht sternförmige Blüten am blattlosen Stängel
- In lichten, feuchten Au- und Laubwäldern, auf Wiesen

Akelei ☠

30–80 cm, blüht von Mai bis Juli

Schon früh pflanzten Menschen diese hübsche Wildblume in Kloster- und Burggärten und züchteten viele Sorten mit weißen bis rosa Blüten.

- Nickende blauviolette Blüten mit hakenförmigem Sporn
- In lichten Laubwäldern, auf schattigen Wiesen, am Waldrand

Wiesen-Witwenblume

30–80 cm, blüht von Juli bis August

Die duftenden Blüten locken Bienen und Schmetterlinge an. Kraut und Wurzeln wurden früher bei Husten und Halsentzündungen eingesetzt.

- Bis zu 4 cm große flache Blütenköpfchen, selten auch weiß
- Auf nährstoffreichen Wiesen, Äckern, am Weg- und Waldrand

Kriechender Günsel

7–30 cm, blüht von Mai bis August

Diese Pflanze, die früher als wundverschließendes Kraut verwendet wurde, breitet sich durch bodennah kriechende Ausläufer aus.

- Blaue Lippenblüten am Stängelende
- Auf nährstoffreichen Wiesen, Rasen, am Wegrand, in Wäldern

Wiesen-Salbei

30–60 cm, blüht von Mai bis August

Beim Zerreiben duften die Blätter dieser altbekannten Heilpflanze, die bei Hals- und Rachenentzündungen hilft, aromatisch.

- Dunkel- bis violettblaue Lippenblüten in Quirlen am Stängelende
- An wärmeren Standorten, auf Wiesen und Böschungen

Gundermann

10–40 cm, blüht von April bis Juni

Bis ins Mittelalter galt diese Pflanze als Zauber- und Heilpflanze, deren grüne Blätter auch im Winter nach frischer Minze schmecken.

- Lippenblüten duften aromatisch
- Auf nährstoffreichen Wiesen und Weiden, an Weg- und Waldrand

Blauer Eisenhut ☠

50–150 cm, blüht von Juni bis September

Schon 1–2 g dieser giftigsten Pflanze Europas können tödlich sein. Nicht anfassen, denn das Gift dringt auch durch die Haut in den Körper!

- Helmförmige dunkel blauviolette Blüten
- Auf feuchten Wiesen, angepflanzt auch in Gärten

Wohlriechendes Veilchen

5–10 cm, blüht von März bis Mai

Diese Veilchen, deren Duftstoffe auch in Seife, Parfüm und Duftwasser enthalten sind, wachsen gern in der Nähe von Siedlungen.

- Dunkelviolette, manchmal auch weiße Veilchenblüten
- Auf nährstoffreichen Böden, am Weg- und Waldrand, in Parks und Gärten

Vogel-Wicke

30–120 cm, blüht von Juni bis August

Mit den Ranken, in die jedes Fiederblatt ausläuft, hält sich diese Wicke an anderen Pflanzen und Gegenständen fest und klettert in die Höhe.

- Zahlreiche blau- bis rotviolette Schmetterlingsblüten in schmaler Blütentraube
- Auf Wiesen und Äckern, am Wegrand, in lichten Wäldern

Blutwurz, Tormentill

10–30 cm, blüht von Mai bis August

Beim Anschneiden verfärbt sich die Wurzel dieser Heilpflanze rot, die als Schnaps verdauungsfördernd und als Tee bei Durchfall wirkt.

- Sattgelbe Blüten mit vier Blütenblättern
- Auf nährstoffarmen Wiesen, in Heiden und lichten Wäldern

Schöllkraut ☠

30–60 cm, blüht von April bis Oktober

Ameisen verschleppen die Samen, sodass diese gegen Leber- und Gallenleiden wirksame Heilpflanze auch an ungewöhnlichen Orten wächst.

Echte Schlüsselblume

10–20 cm, blüht von April bis Mai

Die Wurzel dieses Frühjahrsblühers wirkt heilend bei Husten und Erkältungen. Die Blüten erinnern an Schlüssel an einem Schlüsselbund.

- Gelbe trichterförmige Blüten mit langem Kelch an blattlosem Stängel
- Auf nährstoffarmen Wiesen, am Waldrand, in lichten Laubwäldern

Sumpf-Dotterblume ☠

15–40 cm, blüht von März bis Juni

Dank reichlich Luft in den Stängeln macht es dieser Dotterblume mit den weithin leuchtenden Blüten nichts aus, wenn sie im Wasser steht.

- Bis zu 4 cm große dottergelbe Blüten, glänzende Blätter
- Auf nassen, nährstoffreichen Wiesen, an Ufern, in Mooren

Scharfer Hahnenfuß ☠

30–100 cm, blüht von Mai bis Oktober

Wiesen, auf denen dieser Hahnenfuß massenhaft wächst, werden zu Heu verarbeitet. Im frischen Zustand wird er von Rindern nicht gefressen.

- Goldgelbe Blüten an mehrfach verzweigten Stängeln
- Auf nährstoffreichen, leicht feuchten Wiesen und Weiden

Gelbe Teichrose

50–250 cm, blüht von Juni bis September

Die Blüten ragen nur wenig über die Wasseroberfläche. Nach der Bestäubung senken sie sich unters Wasser, wo die Samen heranreifen.

- Große gelbe Blüten, die stark duften, wird auch Mummel genannt
- In stehenden bis langsam fließenden Gewässern

Gänse-Fingerkraut

5–20 cm, blüht von Mai bis August

Früher besiedelte diese Blume häufig als Erste die kahlen Hühner- und Gänseweiden. Trotz des Namens sind die Blätter nicht gefingert.

- Gelbe Blüten, sehr lange rötliche, kriechende Stängel
- An stickstoffreichen Weg- und Straßenrändern, an Ufern, auf Wiesen

Tüpfel-Johanniskraut

30–60 cm, blüht von Juni bis August

Beim Zerreiben hinterlassen die gelben Blüten rote Flecken. Geschätzt ist die stimmungsaufhellende Wirkung dieser alten Heilpflanze.

- Goldgelbe Blüten mit vielen Staubblättern, Blätter mit durchscheinenden Öldrüsen
- An nährstoffarmen, trockenen Wegrändern und Böschungen

Kleinblütige Königskerze

80–180 cm, blüht von Juni bis September

Diese stattliche Pflanze bildet im ersten Jahr nur eine Blattrosette aus. Erst im zweiten Jahr blüht sie, entwickelt Samen und stirbt danach ab.

- Gelbe Blüten zu vielen an langem fackelähnlichem Stängel
- An Wegrändern, auf brachliegenden Flächen

Kohl-Kratzdistel

30–150 cm, blüht von Juni bis Oktober

Schmetterlinge besuchen gern die Blüten dieser Kratzdistel, deren Blätter wie die Wurzel als Gemüse gegessen werden können.

- Gelbe distelähnliche Blüte, weiche, bedornte Blätter
- Auf nährstoffreichen nassen Wiesen, in Gräben und Sümpfen, am Ufer

Greiskraut

10–40 cm, blüht von Februar bis Dezember

Oft trägt diese Pflanze gleichzeitig Blüten und Samen mit weißen Flughaaren, die an das graue Haar alter Menschen (Greise) erinnern.

- Recht unscheinbar, gelbe Blütenkörbchen
- Auf stickstoffreichen Äckern und in Gärten

Wiesen-Löwenzahn

5–50 cm, blüht von März bis November

Im Frühjahr verwandelt diese alte Heilpflanze Wiesen in gelbe Blütenmeere, deren leicht bittere Blätter einen gesunden Salat ergeben.

- „Pusteblumen", gezähnte Blätter
- Auf nährstoffreichen Wiesen, Weiden, Äckern, am Wegrand

Wiesen-Pippau

50–120 cm, blüht von Mai bis August

Diese Blume kommt nur auf nicht beweideten Wiesen vor. Sie liefert hartes Heu und wird vom Vieh nicht gern gefressen.

- Löwenzahnähnliche Blüten an langen, verzweigten Stängeln
- Auf nährstoffreichen, sonnigen Wiesen, am Wegrand

Huflattich ☠

5–30 cm, blüht von Februar bis April

Diese Heilpflanze öffnet bei schönem Frühlingswetter ihre Blüten. Erst nach der Blüte treiben die großen, weichen Blätter aus.

- Gelbe Blütenkörbchen am Stängelende, herzförmige Blätter, meist in Gruppen
- An Wegrändern, auf Schuttplätzen und Wiesen

Rainfarn ☠

40–120 cm, blüht von Juli bis September

Früher wurden die beim Zerreiben herb duftenden Blüten dieser Blütenpflanze (kein Farn!) als Wurm- und Migränemittel verwendet.

- Knopfförmige Blütenkörbchen, gefiederte Blätter
- An stickstoffreichen Wegrändern, Ufern, auf Schuttplätzen

Sumpf-Schwertlilie ☠

50–100 cm, blüht von Mai bis Juni

Diese Sumpfpflanze wächst in kleinen Gruppen an ungestörten Gewässern. Braune Adern auf den Blütenblättern leiten Hummeln zum Nektar.

- Große typische gelbe Blüten, lange schmale Blätter
- Auf nassen Böden am Ufer, in Gräben und Sümpfen

Scharbockskraut ☠

5–20 cm, blüht von März bis Mai

Diese Pflanze überzieht im Frühjahr großflächig den Boden. Die Vitamin-C-reichen Blätter sind nur vor der Blüte genießbar, danach giftig.

- Sternförmige gelbe Blüten, rundliche bis herzförmige Blätter
- In nährstoffreichen Wäldern, Parks, Gärten, auf Wiesen

Wiesen-Platterbse

20–100 cm, blüht von Mai bis August

Mithilfe der verzweigten Blattranken zieht sich diese typische Wiesenpflanze, die zahlreiche Insekten anlockt, in die Höhe.

- Gelbe Schmetterlingsblüten in einem Blütenstand, kletternde Pflanze
- Auf nährstoffreichen, nassen Wiesen, in Wäldern, am Ufer

Hornklee

5–40 cm, blüht von Juni bis August

Die leuchtenden Blüten locken Wildbienen und Hummeln an, die erst beim Landen die Blüte öffnen und mit Pollen eingestäubt werden.

- Bis zu acht Schmetterlingsblüten am Stängelende
- Auf Wiesen, an Weg- und Waldrändern, unter Gebüsch

Echtes Springkraut

30–100 cm, blüht von Juni bis August

Die prallen Kapselfrüchte dieses heimischen Springkrauts platzen bei Berührung auf und katapultieren die reifen Samen bis zu 3 m weit heraus.

- Zitronengelbe Blüten mit langem Sporn, die stets unter einem Blatt hängen
- In feuchten Laubwäldern, oft in großen Gruppen

Große Brennnessel

30–150 cm, blüht von Juni bis Oktober

Bei Berührung brechen die spröden Brennhaare dieser nützlichen Heilpflanze ab und injizieren eine brennende Flüssigkeit in die Haut.

- Blätter und Stängel mit Brennhaaren, grüne Rispenblüten
- An stickstoffreichen Weg- und Waldrändern, in Gräben

Spitz-Wegerich

10–50 cm, blüht von Mai bis September

Ein Tee aus dieser Heilpflanze hilft bei Husten, der Saft frisch ausgepresster Blätter lindert Juckreiz nach Insekten- und Brennnesselstichen.

- Zahlreiche Blüten ährenförmig am Stängelende, schmale Blätter
- Auf Wiesen, Weiden, Rasen, Ödflächen, Äckern, am Wegrand

Haselwurz

5–10 cm, blüht von März bis Mai

Kleine, bräunliche Blüten sitzen bodennah versteckt unter den Blättern, die auch den Winter über grün sind.

- Rundlich nierenförmige glänzende Blätter, duften beim Zerreiben nach Pfeffer
- In krautreichen Laub- und Mischwäldern

Breitblättriger Rohrkolben

100–200 cm, blüht von Juni bis August

An Gewässern bildet der Rohrkolben große Bestände. Der braune Kolben sind weibliche Blüten, die männlichen der Anhang darüber.

- Sehr lange schmale Blätter, dicker brauner Blüten- und Fruchtkolben
- An Seen, Teichen, Weihern und langsam fließenden Flüssen

Gefleckter Aronstab

15–40 cm, blüht von April bis Mai

Mit aasartigem Duft lockt der Kolben nachts Mücken an, die die an der Basis des Kolbens sitzenden Blüten bestäuben.

- Großes tütenförmiges Hüllblatt mit bräunlichem Kolben, leuchtend rote Beeren
- An nährstoffreichen schattigen feuchten Plätzen in Wäldern

Weißer Gänsefuß

10–150 cm, blüht von Juli bis Oktober

Die Samen dieses zähen Wildkrauts reichern sich im Boden an und können noch jahrhundertelang austreiben.

- Graugrüne Pflanze, winzige Blütchen in Knäueln
- Auf nährstoffreichen Äckern und Schuttplätzen, am Wegrand, in Gärten

Register

Bildnachweis

Hecker 11, 12, 19, 22, 28, 38, 54, 55, 61, 73, 76, 84, 88, 95, 96, 102, 104, 106; Jose381 77; Laux 32, 53, 62, 83, 87, 91, 99, 100; Pforr 9, 16, 23, 24, 25, 27, 49, 51, 59, 60, 63, 69, 70, 81, 82, 86, 94, 98; Pott 90; Sauer/Hecker 20, 44, 45, 64, 74, 79, 80, 103; Schönfelder 15, 26, 46, 72, 92; Spohn 6, 7, 8, 10, 13, 14, 17, 18, 29, 30, 33–37, 39–43, 47, 48, 50, 56, 57, 65–68, 71, 75, 78, 85, 97, 105, 107; Wikimedia 21; Wikimedia/Buhl 52; Wikimedia/Haynold 58; Wikimedia/Zell 89; Willner 31

Umschlaggestaltung und Layout von Walter Typografie & Grafik unter Verwendung einer Aufnahme von awfoto – Fotolia.com. Das Bild zeigt ein Leberblümchen.

Das Foto auf der Seite 2/3 ist eine Aufnahme von Elenathewise – canstockphotos Inc. Mit 9 Farbillustrationen von Marianne Golte-Bechtle (6) und Sigrid Haag (3) auf Seite 4.

Unser gesamtes lieferbares Programm und viele weitere Informationen zu unseren Büchern, Spielen, Experimentierkästen, DVDs, Autoren und Aktivitäten finden Sie unter **www.kosmos.de**

FSC
www.fsc.org
MIX
Papier aus verantwortungsvollen Quellen
FSC® C015829

Gedruckt auf chlorfrei gebleichtem Papier

ISBN: 978-3-440-13032-2
Redaktion: Teresa Baethmann
Printed in Italy / Imprimé en Italie

Abenteuer Natur für

- → Die besten Tipps zum Entdecken, Beobachten und Erleben
- → So macht Natur Spaß!
- → Natur tut gut – zu jeder Jahreszeit

die ganze Familie

€/D 9,95
978-3-440-12342-3

€/D 9,95
978-3-440-12586-1

Auf Entdeckungstour

€/D 4,95
978-3-440-13143-5

→ Mit dieser Drehscheibe bestimmst du sicher die häufigsten Vögel

→ Immer mit dabei dank praktischem Karabinerband

→ Für zu Hause: Verwende die Scheibe als spannendes Quiz

€/D 7,95
978-3-440-13139-3

€/D 7,95
978-3-440-13140-6

→ Entdecke die 66 wichtigsten einheimischen Arten

→ Mit zahlreichen zusätzlichen Tipps: Baue z.B. ein Vogelhaus

Ganz nah dran

€/D 12,95
ISBN 978-3-440-13026-1

- → Erforsche 50 Tiere und Pflanzen aus sechs Lebensräumen
- → Mit beigelegter Lupe und Notizblock geht die Expedition sofort los
- → Notiere deine Beobachtungen und sammle Fundstücke in der Zip-Tasche

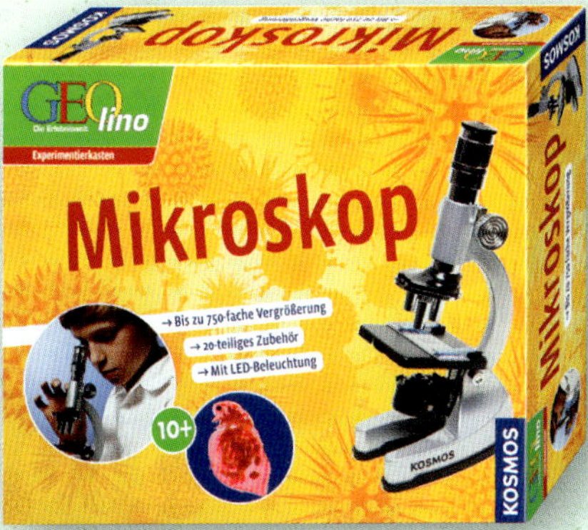

€/D 69,99 (UVP)
Art.-Nr.: 63571

- → Perfekt für den Einstieg in die Mikroskopie
- → Hohe optische Qualität für junge Forscher
- → Mit vielfältigen Zubehör zum Sofort-los-Mikroskopieren